CONCOURS RÉGIONAL DE LA DORDOGNE — 1880

MÉMOIRE

PRÉSENTÉ

AU JURY CHARGÉ DE LA VISITE DES PROPRIÉTÉS

SUR LE

DOMAINE DE PLANQUES

SITUÉ DANS LES COMMUNES DE

BERGERAC, COLOMBIER, CONNE, MONBAZILLAC & SAINT-NEXANS

Arrondissement de Bergerac

PAR

Camille GOUZOT, propriétaire

Concurrent pour le Prix cultural de la 1re catégorie et pour la Prime d'honneur.

———

BERGERAC

IMPRIMERIE ET LITHOGRAPHIE DE BLANQUIE ET Cie

16, RUE BELLEGARDE, 16

—

1879

MÉMOIRE

PRÉSENTÉ

 CHARGÉ DE LA VISITE DES PROPRIÉTÉS

SUR LE

DOMAINE DE PLANQUES

SITUÉ DANS LES COMMUNES DE

BERGERAC, COLOMBIER, CONNE, MONBAZILLAC & SAINT-NEXANS

Arrondissement de Bergerac

PAR

Camille GOUZOT, propriétaire

Concurrent pour le Prix cultural de la 1re catégorie et pour la Prime d'honneur.

BERGERAC

IMPRIMERIE ET LITHOGRAPHIE DE BLANQUIE ET Cie

16, RUE BELLEGARDE, 16

—

1879

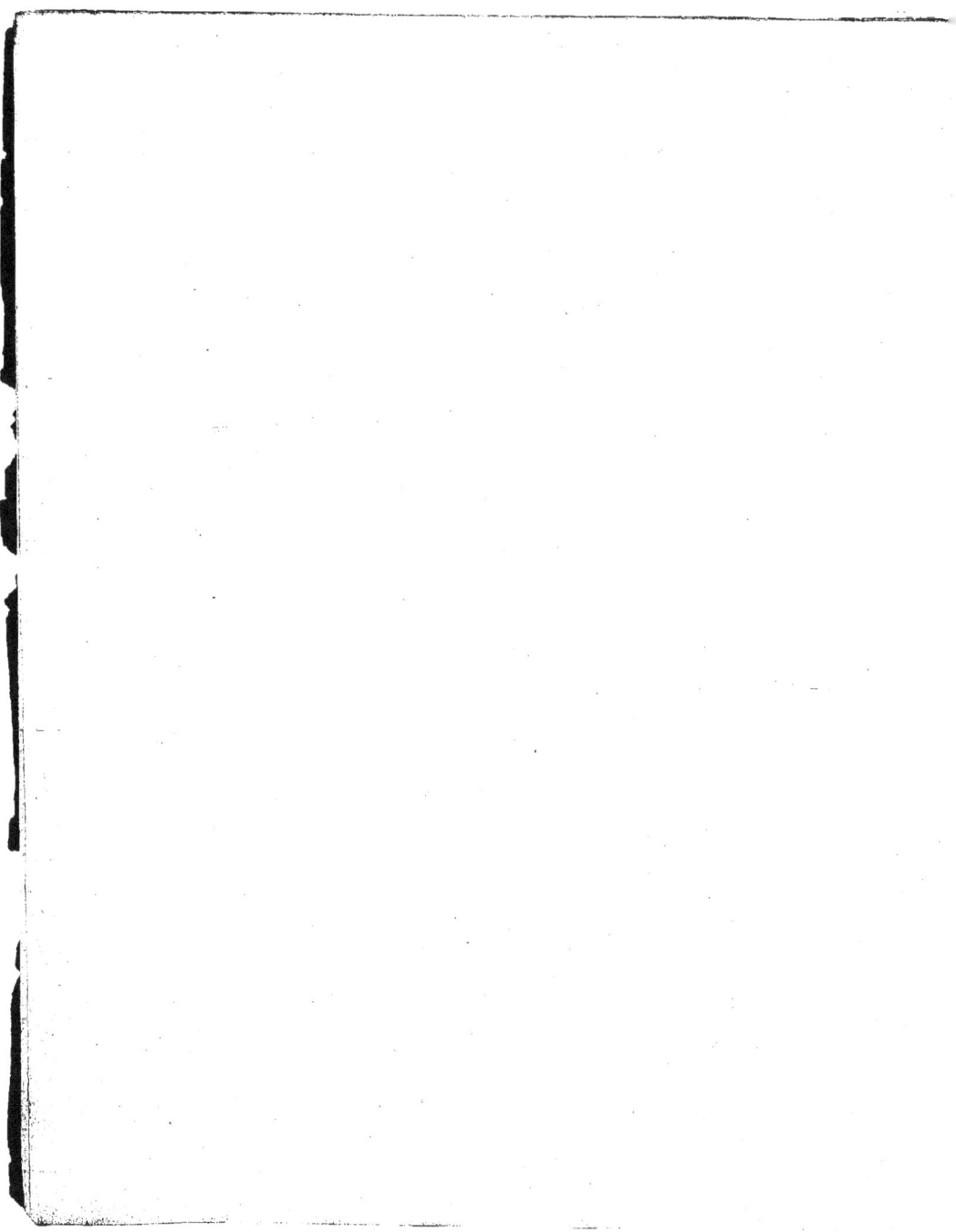

MÉMOIRE

SUR LE

DOMAINE DE PLANQUES

RENSEIGNEMENTS GÉNÉRAUX.

La propriété de Planques s'étend du Nord au Sud sur une longueur de deux kilomètres et une largeur de 600 à 800 mètres. La partie basse occupe, sur une étendue d'environ 600 mètres, l'extrémité de la plaine de la rive gauche de la Dordogne ; le reste du domaine est situé sur les coteaux qui dominent cette plaine.

La majeure partie de la couche arable est formée de terrains argilo-calcaires, de bonne qualité ; dans quelques parcelles le sol est siliceux de sa nature et repose sur des rognons plus ou moins agglomérés et mélangés d'argile. A part cette rare exception, le sous-sol est entièrement constitué par une argile grasse et très compacte.

Le climat, de même que toute cette partie du Sud-Ouest, est généralement doux et tempéré. La neige est de courte durée dans nos contrées, les froids excessifs peu fréquents. Depuis la funeste année 1870-71 il n'y a pas eu d'hiver rigoureux. La plus grande entrave pour les travaux c'est la pluie qui, souvent, au printemps, règne avec une persistance fatale aux récoltes. Les pluies viennent généralement de l'Ouest, par conséquent de l'Océan, et il n'est pas rare qu'elles durent des mois entiers, principalement en mars et avril, ce qui vient apporter une perturbation et un retard considérables dans tous les travaux et les ensemencements de cette époque de l'année.

Indépendamment du trouble causé par la pluie dans la marche générale de la culture, il se produit souvent un fait encore plus désastreux ; il n'est pas rare, en effet, que, lorsqu'il pleut depuis plusieurs jours, surtout à la fin d'avril et au commencement de mai , le vent ne passe subitement de l'Ouest au Nord. On est à peu près assuré alors , lorsque ce changement vient à se produire , qu'il y aura quelques matinées de gelée blanche, qui détruisent en peu d'instants les espérances les plus légitimes. La vigne , surtout , est la récolte qui doit le plus redouter ce fléau.

De même que dans tous les pays à sous-sol, très argileux et par conséquent peu perméable, les eaux sont nombreuses dans nos contrées, sans néanmoins y former de marais. Sur la propriété, les sources se rencontrent à peu près partout ; elles sont abondantes et ne tarissent jamais, ce qui est un avantage énorme pour l'agriculture. Quant à la nature des eaux, elle est éminemment calcaire.

DÉBOUCHES

Les débouchés sont nombreux et d'un abord facile , la propriété se trouvant elle-même traversée par la route nationale n° 21 de Paris à Barèges, à proximité du chef-lieu de l'arrondissement, qui n'est qu'à 5 kilomètres et demi. Les produits sont dès lors d'un écoulement très facile, car cette ville est traversée par la Dordogne, qui met le pays en communication avec Sainte-Foy , Libourne et Bordeaux. Le chemin de fer de Bergerac à Bordeaux sert également au transport des produits sur les mêmes centres et il relie en outre avec Paris et tout le centre de la France.

Indépendamment de ces deux voies principales , le pays est admirablement sillonné par de nombreuses routes de grande et de moyenne communication. Ces diverses artères permettent au Domaine d'écouler ses récoltes dans toutes les directions.

Les foires et les marchés abondent dans la contrée. Bergerac a un marché tous les samedis et deux foires de bétail par mois. Dans un rayon de 15 kilomètres au plus, Issigeac, Faux, Bouniagues , Sigoulès, Mouleydier, etc., ont des foires mensuelles ; Castillonnès, chef-lieu de canton, situé dans le Lot-et-Garonne, à 18 kilomètres, offre également de précieuses ressources, d'abord au point de vue du bétail, mais surtout pour la vente des pruneaux secs, qui sont, comme on le verra plus loin, une des principales cultures de la propriété.

MAIN-D'ŒUVRE

La main-d'œuvre , sans être encore excessive , devient plus rare de jour en jour. Il faut en attribuer la cause au morcellement de la propriété et à la culture de la vigne, qui exige beaucoup de bras. Aujourd'hui , on trouve difficilement des journaliers ; c'est une véritable exception, et il devient dès lors inutile d'en parler. Un petit propriétaire qui n'a pas chez lui suffisamment d'ouvrage pour s'occuper toute l'année pourra bien, de loin en loin, vous accorder quelques journées pour vous être agréable, mais non à prix d'argent, et, somme toute, ce travail vous sera très onéreux. Il est préférable de donner , surtout pendant la morte saison , quelques *prix faits* ; c'est le seul mode de travail que l'on peut parfois faire exécuter par des étrangers.

En général, tous les travaux sont faits par des domestiques loués à l'année ou à temps, c'est-à-dire pour quelques mois , soit pour l'époque des moissons, soit pour les vendanges. Lorsque le domestique est garçon , il est nourri sur l'exploitation et reçoit en outre une certaine somme d'argent ; lorsqu'il est marié, il se nourrit lui-même, et, indépendamment d'un salaire en argent, on lui donne un logement , un jardin , du blé , du vin , de la piquette et du bois de chauffage. Dans les deux cas, du reste , la différence n'est pas très sensible, et on peut estimer que, tout compte fait, chaque homme coûte en moyenne 750 à 800 francs. Sur ce prix ne sont pas comptées les journées que peuvent faire les femmes et qui sont payées de 0,75 c. à 1 fr., suivant la saison.

PRODUCTIONS DU PAYS

Les productions du pays sont très variées et consistent en froment, avoine, seigle, maïs, pommes de terre, racines de toutes sortes, fourrages divers, prairies naturelles et artificielles, légumes, tabacs, vins, fruits, pruneaux secs, bois, etc. Cependant, on peut dire avec raison que la principale de toutes les cultures est la vigne. Mais, pour cultiver la vigne, on est obligé d'avoir une rotation de produits divers qui viennent tous en aide à cette culture spéciale et qui en sont en quelque sorte les satellites.

RENSEIGNEMENTS SPÉCIAUX

Le domaine de Planques, situé dans les communes de Bergerac, Colombier, Conne, Monbazillac et Saint-Nexans, forme l'extrémité des trois cantons de Bergerac, Issigeac et Sigoulès.

Cette propriété fut achetée, au mois de septembre 1852, par une de mes tantes, pour la somme de 55,000 francs. Elle avait alors une étendue de 28 hectares 20 ares 45 centiares.

Successivement agrandie, elle occupe aujourd'hui une superficie de 58 hectares 50 ares, et les divers achats ont élevé son prix de revient au chiffre de 109,000 francs. Anciennement limitée à l'Ouest par la route nationale n° 21 de Paris à Barèges, elle fut, vers 1840, coupée en biais par la rectification de cette même route, ce qui rendit la culture difficile en donnant aux parcelles une forme triangulaire et en ouvrant la propriété sur un parcours de près de 2 kilomètres. Aussi, lors de l'achat, un des premiers soins fut-il de clore les champs au moyen de haies d'aubépine annuellement taillées, afin de mettre autant que possible les récoltes à l'abri du maraudage et du va-et-vient continuel d'une route très fréquentée.

A part les bois, le domaine cultivé est d'un seul tenant ; il s'étend à droite et à gauche de la route. Il est limité au Levant par un chemin rural abandonné et à peu près impraticable, et à l'Ouest par l'ancienne route de Paris à Barèges.

Le mode d'exploitation est le *faire valoir* direct. Pour assurer le service et le bon entretien des cultures, il faut une dizaine de domestiques, indépendamment des femmes qu'on utilise pour les légers travaux.

L'importance du capital employé sur le domaine est considérable. Comme dans tous les vignobles de la contrée, le matériel et le logement nécessaires pour la récolte et la fabrication du vin exigent beaucoup de frais. Mais, comme en outre des vignes, il y a encore à Planques la culture des céréales et celle de divers autres produits, le capital engagé se trouve, par ce fait, augmenté, et il arrive à un chiffre considérable.

Le sol de la propriété se décompose de la manière suivante :

Terres arables.	18 h.	96 a.	81 c.
Prés ou prairies artificielles.	8	82	42
Vignes.	12	54	85
Bois	12	59	64
Bâtiments, cours ou jardins	3	08	35
Allées, tournants, etc.	2	47	93
Ensemble.	58	50	00

Pendant quelques années, on a cultivé le tabac, mais j'ai été forcé de renoncer à cette culture qui est cependant très rémunératrice, à cause de la main-d'œuvre considérable qu'exige cette plante industrielle précisément à l'époque où tous les bras ont besoin d'être disponibles pour les vendanges et la fabrication du vin.

BATIMENTS

Les bâtiments d'exploitation ont été complètement transformés ou bâtis à neuf.

Le pressoir, le cuvier et le chai à vins ont subi d'importantes modifications. Le pressoir, lors de l'achat, contenait deux presses à vis, en bois, d'une très petite capacité, et l'une et l'autre en mauvais état. Après en avoir fait réparer une, je fis démolir la seconde et je la remplaçai par un pressoir à maie ronde d'une très grande contenance, sur lequel on établit une vis en fer surmontée d'un appareil alors en usage dans nos vignobles. Plus tard, à la suite d'un accident arrivé au plateau qui supporte l'écrou, je l'ai de nouveau modifié et je lui ai substitué un appareil du système Roudier, de Bergerac. Ce pressoir a une très grande puissance et a lutté déjà plusieurs fois avantageusement contre celui de Mabille, d'Amboise. Le cuvier était très petit et d'un abord difficile ; il ne ne pouvait contenir que 3 cuves, dont deux de dimensions très exiguës. Par suite du changement d'un mur, j'ai pu placer 6 cuves contenant 370 hectolitres dans le même local que les pressoirs de telle sorte que leur proximité en rend le chargement très facile.

En supprimant la grange et l'écurie, qui joignaient autrefois le cuvier, j'ai pu établir un chai à vin très-considérable, suffisant pour loger près de 300 barriques de sole. Comme il n'est séparé du cuvier que par une porte, le service se fait avec la plus grande facilité. Ce chai, qui a 21 mètres 50 de long sur 14 mètres de large, n'a pu être obtenu qu'en supprimant plusieurs murs de séparation. On les a remplacés par des piliers en fonte ou en fer qui ne gênent en aucune manière, tout en joignant à l'élégance la solidité la plus grande.

Pour remplacer l'écurie, j'ai utilisé un hangar qui servait auparavant de remise pour les charrettes et les outils aratoires. Ce hangar formait retour d'équerre sur l'extrémité du chai, et se trouvait à peu près de la même dimension que l'écurie qu'il s'agissait de remplacer. Il m'a été, dès lors, facile d'utiliser les loges, les rateliers et les mangeoires. En élevant la toiture du hangar au même niveau que le reste des bâtiments et en posant un plancher pour relier le dessus de l'écurie avec les anciens greniers à foin, on s'est procuré ainsi un logement spacieux et aéré pouvant recevoir facilement 6 ou 7 chevaux. Grâce à ces diverses combinaisons, ce changement s'est opéré sans trop de frais.

Ainsi qu'il a été dit tout à l'heure, la grange, qui, du reste, était insuffisante, a été convertie en chai ; il a fallu, dès lors, la remplacer.

C'est en 1866 que j'entrepris d'en construire une nouvelle. Elle a été établie à environ 500 mètres de l'emplacement qu'elle occupait jadis. Assise sur le point culminant d'un petit mamelon, elle a permis de mettre les pentes en prairies qui se sont fertilisées par les détritus de toute sorte existant toujours autour de ce genre de bâtiments et constamment entraînés par les eaux pluviales.

Sans compter les veaux, cette étable peut contenir à l'aise 22 grosses têtes : 11 de chaque côté. Elle a 15 mètres de large sur 16 mètres 50 de long, et elle occupe une superficie de 240 mètres carrés.

Au couchant, de niveau et communiquant par une porte, se trouve le logement du valet chargé de soigner les animaux, qui, par ce fait, ne sont jamais seuls. De sa chambre, de son lit même, l'homme peut tout entendre et par conséquent tout surveiller.

La largeur et la profondeur des parcs sont considérables : chaque parc a 4 mètres 30 de large et 0,60 de profondeur. En donnant ces dimensions j'ai eu pour but de faire beaucoup de fumiers, d'éviter une fosse à purin et de simplifier la main-d'œuvre.

Je crois avoir réussi, car l'expérience m'a prouvé que mes étables peuvent rester 4 mois au moins sans être nettoyées, et, par suite, les fumiers produits sont d'excellente qualité. Les animaux ne souffrent nullement de ce séjour prolongé sur le fumier ; jamais je n'ai aperçu trace de purin à la surface, l'abondance de litière qu'exige la largeur du parc l'absorbant en entier. Enfin, la main-d'œuvre pour l'enlèvement des fumiers est presque nulle, puisque les charrettes entrent par une porte, se chargent sur place, et sortent par la porte opposée. Lorsqu'un parc est plein, il contient environ 50 mètres cubes de fumier, ce qui permet de fumer une certaine étendue de terrain.

Au-dessus des animaux, il n'y a pas de grenier à foin. — Je crois ce système avantageux pour le bien-être et la santé du bétail, puisqu'il évite la chaleur provoquée par la fermentation des fourrages. Pour remplacer le grenier, il m'a fallu construire, attenant à la grange, un hangar qui occupe une superficie de 350 mètres carrés, sous lequel on peut emmagasiner 60,000 kilogrammes de foin. Dans l'axe de la grange et du hangar on a établi un petit chemin de fer parcourant d'un bout à l'autre toute mon installation, ce qui donne beaucoup de facilité pour la distribution de la nourriture.

Je dois ajouter que dans le prolongement du hangar, et séparées de ce dernier par un mur, sont établies trois chambres. Dans celle du milieu, il y a une chaudière et un coupe-racines ; le chemin de fer arrive jusqu'à la chaudière, y prend les aliments et les transporte dans la grange. Les deux autres chambres, qui forment caves, sont destinées à recevoir les racines lors de la récolte.

Afin de compléter le service de la grange, il ne manquait que de l'eau pour abreuver les animaux. Profitant de sources supérieures situées à environ 170 mètres, j'ai fait établir un réservoir où l'eau s'emmagasine pour aller ensuite, par des tuyaux de conduite, desservir les deux parcs de la grange et la chaudière.

Faisant retour d'équerre avec le hangar à fourrages et séparé de ce dernier par un passage de 5 mètres, on a construit une porcherie, et, à la suite, un hangar pour abriter les véhicules et les instruments aratoires. La porcherie a 9^m 40 de large sur 8^m 50 de long. D'un côté sont deux loges pour les truies mères avec un petit compartiment en planches dans lequel peuvent s'introduire les porcelets sans leur mère, afin d'y prendre telle nourriture qu'on veut leur donner à part. De l'autre côté il y a trois étables destinées aux nourrains ou aux porcs à l'engrais.

Toutes les auges sont en fonte et disposées de manière qu'au moyen d'un système à bascule la femme qui soigne les animaux est à l'abri de toute atteinte de leur part lorsqu'elle prépare leur nourriture. Le hangar fait suite à la porcherie ; il a 22^m 50 de long sur 9^m 40 de large. J'ai déjà dit qu'il était destiné à abriter les instruments ; mais il a aussi un autre emploi : à l'époque de la moisson et lorsque cette opération est terminée on y dépose les diverses céréales qui ont été récoltées sur le bien, en sorte que, se trouvant ainsi parfaitement à l'abri, ces produits peuvent attendre, sans inconvénient, l'époque plus ou moins éloignée du battage.

En 1873 j'ai fait construire, dans une ancienne serre qui a été disposée pour ce nouvel usage, une étuve pour sécher les prunes, du système Bournel, de Monflanquin (Lot-et-Garonne).

Cette étuve, que j'avais pu juger au concours régional tenu à Bergerac au mois d'août 1872, est circulaire. Elle porte au centre un arbre tournant qui commande six étages supportant ensemble 48 claies pouvant parfaitement, dans les 24 heures, donner 100 kilos de prunes sèches.

A ma connaissance, c'est, jusqu'à présent, le meilleur instrument de ce genre.

Au moyen de prises d'air extérieur, on augmente l'air à l'intérieur de l'étuve et par des dégagements intérieurs situés sur le fond de l'appareil, on rejette à l'extérieur toute l'humidité dégagée par la prune verte. On opère ainsi dans des conditions parfaites et on évite ce qui nuit habituellement au bon fonctionnement de ces appareils, trop de chaleur à certains endroits et pas assez dans d'autres.

L'année dernière, ma première étuve n'étant pas suffisante, j'en ai fait construire une autre du même système. Seulement, au lieu d'être ronde, elle a la forme d'un parallélogramme ; c'est un wagon roulant sur un chemin de fer qui supporte les claies. Le fonctionnement de l'appareil est, du reste, exactement le même ; le seul avantage est que le chargement et le déchargement du wagon se font en dehors de l'étude, et que dès lors les ouvriers sont moins incommodés par la chaleur.

MOYENS DE TRANSPORT.

Pour transporter les denrées et les récoltes diverses, on se sert de charrettes à deux roues et de bœufs ou vaches attelés avec le joug ordinaire.

Les chevaux ou mulets, employés pour le service de l'exploitation, travaillent toujours au collier.

ASSOLEMENTS.

On peut dire qu'il n'y a pas eu jusqu'ici d'assolement fixe, par suite des modifications, pour ainsi dire incessantes, qui ont eu lieu depuis l'achat de la propriété.

Aujourd'hui que les joalles occupent la majeure partie de la superficie, l'assolement est en quelque sorte quadriennal ; il se décompose de la manière suivante :

1re année	. . . .	Plantes sarclées :
2e —	. . . .	Froment :
3e —	. . . .	Fourrages :
4e —	. . . .	Avoine.

Mais, par suite de la durée de certains fourrages, notamment du sainfoin, qui réussit admirablement dans ces terrains argilo-calcaires, cet assolement n'est pas rigoureusement exact. Ainsi, il m'est arrivé plusieurs fois de ne faire détourner des sainfoins qu'à huit ou dix ans, parce qu'ils étaient encore en bonne production, mais j'ai soin de mettre, après ce détournement, une céréale : soit blé, soit avoine.

Autant que possible je donne la préférence au blé afin d'éviter la trop grande vigueur et, par conséquent, la verse que l'enfouissement produit sur l'avoine.

AMENDEMENTS ET ENGRAIS EMPLOYES SUR LE DOMAINE

En fait d'engrais on n'emploie en général que les fumiers d'étable ; mais, comme ils sont toujours insuffisants, j'en achète quelquefois dans les écuries de Bergerac.

A diverses reprises et presque annuellement on a essayé des engrais de commerce, mais aucun, jusqu'ici, n'a donné des résultats assez satisfaisants pour en généraliser l'emploi. A mon avis, les engrais commerciaux ne peuvent remplacer les fumiers de ferme ; ils ne sont que des adjuvants. J'ai employé, comme essais, les engrais Jaille d'Agen, les noirs de raffinerie et les débris de poissons de Nantes, les engrais Pichelin de Lamothe Beuvron, les phosphates précipités de Joulie et bien d'autres, qu'il est inutile de citer, sans observer de résultats bien appréciables, si ce n'est pourtant sur les prairies où j'ai pu constater un résultat assez satisfaisant. Aussi, aujourd'hui, je me contente de mélanger ces substances avec les terreaux que l'on fait pour les prés.

Comme amendements, j'ai mis, dans les terres les plus froides et les moins calcaires, de la marne et de la chaux ; la première à raison de 500 mètres cubes par hectare, et la seconde à raison de 80 hectolitres.

La marne a un effet moins prompt mais plus durable que la chaux et, comme cette dernière, est d'un prix de revient beaucoup plus élevé, puisque dans le pays on ne peut se la procurer à moins de 2 fr. 50 l'hectolitre ; il est préférable, je crois, d'employer la marne, surtout lorsque, comme chez moi, on la trouve sur place.

Un des amendements dont j'use le plus, je pourrais même dire uniquement, pour les prés, ce sont les composts. Chaque année les prairies en reçoivent de 400 à 500 mètres cubes. Ces terreaux ou composts se composent en majeure partie de terres, de raclures d'allées, de détritus de cours, de vases de fossés, de débris de jardinage, de balayures de feuilles mortes, etc. Ces diverses matières restent pendant un an dans une fosse spéciale où elles commencent à se décomposer après quoi elles sont rejetées à l'extérieur et mélangées alors avec des couches de fumier, des cendres de fours à chaux, des marcs de raisins, etc. Ces derniers sont eux-mêmes restés depuis l'époque de la vendange dans la cour du poulailler, de sorte qu'ils constituent en quelque sorte un véritable guano.

Le mélange de ces divers produits donne des terreaux excellents, qui sont répandus sur les prairies au mois d'août, époque la plus favorable, dans notre pays, pour opérer ce genre de travail et pour l'efficacité de l'amendement.

Pour activer la végétation dans une vigne plantée sur un terrain maigre, j'ai employé les chiffons de laine à la dose de 2,500 kilogrammes par hectare et je n'ai eu qu'à me féliciter du résultat obtenu. Le prix de revient de cet amendement est du reste peu élevé, puisque, le kilogramme coûtant 0,075, il suffit d'en employer par pied de vigne environ 500 grammes.

DESSÈCHEMENT ET DRAINAGE

Il n'existe pas, sur le domaine, de parcelle qui ait eu besoin de dessécher.

Le drainage a été opéré sur une vigne en contre bas d'un coteau et à la surface de laquelle l'eau suintait continuellement. Ce drainage a eu lieu sur un hectare et demi. L'opération a été faite en 1859, par des ouvriers de M. Clamageran, entrepreneur de drainage, qui parcouraient les diverses propriétés où l'on désirait pratiquer ce genre d'assainissement. Les lignes sont espacées de 10 mètres entr'elles et les drains sont placés à 1 mètre de profondeur.

A la suite de cette opération, la vigne, alors âgée de 5 ans et dont l'aspect était très-chétif, a repris une belle végétation. A la moindre pluie, le collecteur coule abondamment, ce qui me prouve que le système général est toujours en parfait état.

Cette réparation m'a coûtée 174,000 francs, soit 116 francs à l'hectare. Dans plusieurs endroits on a fait également des fossés remplis de pierres pour égoutter des eaux nuisibles aux récoltes ; mais comme ces divers travaux sont purement localisés et n'embrassent pas des parcelles entières, je n'ai pas tenu compte du prix de revient.

Dans ce cas-là, du reste, je poursuivais deux buts : assainir d'abord une place humide et me débarrasser ensuite de matériaux gênants.

IRRIGATIONS

En attendant l'exécution du magnifique projet de mon excellent ami M. l'ingénieur Eugène Blanc, je ne puis, pour le moment, irriguer qu'une de mes prairies.

L'eau qui sert à cet usage provient d'un cours d'eau qui passe à l'angle de ma propriété, le long de l'ancienne route. Au moyen d'un barrage, je fais arriver l'eau dans un grand réservoir, situé en dessus de la prairie. Il est en outre alimenté par plusieurs sources qui ne tarissent jamais. C'est ainsi qu'on peut arroser la prairie tout le printemps et une partie de l'été, sinon d'une manière continue, du moins fréquemment. On s'assure ainsi une seconde coupe, qui varie de 3,000 à 4,500 kilogrammes, suivant l'année. Or, comme le pré occupe une superficie de 1 hectare 41 ares, c'est donc environ 2,600 kilos par hectare, qui, ajoutés à 3,500 kilos, produit moyen de la première coupe, élèvent le rendement de cette prairie à 6,100 kilogrammes par hectare.

Cette irrigation se pratique, partie par submersion et partie au moyen de rigoles.

Si, dans l'avenir, le phylloxera venait à envahir une vigne d'une étendue d'environ 5 hectares et demi, située en dessous de la prairie, il serait très-facile de lui appliquer la submersion hivernale: afin d'arriver à ce but, il n'y aurait qu'à élever tout autour de la pièce une digue en terre pour retenir les eaux.

LABOURS

On se sert en général de la charrue en fer à timon raide, du pays, qui, bien que ne valant pas la charrue à timon brisé, est néanmoins un bon instrument et a surtout cet avantage énorme d'être dans les habitudes et dans la main des ouvriers de la contrée. Cependant, pour certains travaux, tels que ceux de défoncement ou de détournement de prairies artificielles, je fais employer la charrue Dombasle ou le Brabant double de Délahaye-Tailleur. Pour les labours des vignes, on se sert de charrues spéciales, mais toujours à timon raide. Tous les labours s'opèrent avec deux bœufs, quelquefois quatre, lorsqu'il s'agit de faire fonctionner la Dombasle ou le Brabant double.

La profondeur varie de 0,30 à 0,40 dans les terres arables, qui sont toutes cultivées à planches. Leur nombre varie d'après les années, mais généralement ils s'élèvent à 3 ou 4 au maximum. A cause des pluies habituelles du printemps qui détrempent à une assez grande profondeur un sol d'une nature éminemment argileuse, il est bien rare de pouvoir réellement commencer les labours avant la fin du mois de mars ou le commencement d'avril. J'ajouterai même que dans de semblables terrains il est préférable de ne labourer que plus tard et de sacrifier au besoin une façon plutôt que de la donner dans des conditions défavorables. A la gelée et au soleil, ces terres compactes s'émiettent et se pulvérisent comme des pierres de chaux, et plus on laboure sec, plus on est assuré d'avoir de récolte l'année suivante.

Chaque labour est toujours suivi d'un hersage et, si l'on fait un ensemencement quelconque, on passe un coup de rouleau.

Pour les vignes, on donne dans le pays deux labours : le premier de mars en mai, pour opérer le déchaussage, le second de mai en juin, pour rechausser les ceps.

Cette pratique est assez vicieuse, en ce sens que, lorsque la deuxième façon est donnée, s'il arrive, ce qui est fréquent à cette époque de l'année, qu'il vienne à pleuvoir, les herbes naissent en grande quantité, et les vignes, à moins d'y faire un travail à la main très-coûteux et presque impossible, sont, lors de la vendange, dans un état de malpropreté impossible. Je n'ignore pas que cet usage est en quelque sorte commandé par la pousse de la vigne, car, si on attend trop tard, les sarments des ceps se rejoignent et les animaux ne peuvent plus circuler entre les lignes sans causer de grands dommages. Par le système que j'ai adopté, c'est-à-dire la taille en cordons et le palissage de la vigne sur fils de fer, j'évite cet inconvénient.

Comme dans le pays, je donne mon premier labour pour déchausser en mars ou avril, aussitôt que le temps le permet ; ensuite tout l'été je passe la houe à cheval ou le Cultivateur de vignes de Mothes de Bordeaux, pour tenir mes vignes en bon état de propreté et d'ameublissement. Aussitôt que les pampres s'allongent et tendent à gêner la circulation, on les rogne de manière à pouvoir toujours travailler entre les lignes.

Je ne fais pratiquer la façon de rechaussage que le plus tard possible, c'est-à-dire à la fin de juillet ou dans le courant d'août, au moment où la véraison arrive. Je trouve très-bien d'agir ainsi ; mes vignes ont une très-grande vigueur et la fraîcheur que procure le buttage aux racines des ceps, au moment où les raisins gonflent, donne aux grains un développement considérable.

De 1870 à 1875, je me suis servi, pour le labour des vignes, de la charrue Trisoc que j'avais vue fonctionner à Virelade, dans la Gironde, chez M. de

Carayon-Latour. Quoique cet instrument, par la célérité du travail qu'il procure, soit d'un avantage incontestable dans les terrains légers, deux motifs m'ont fait renoncer à son emploi. Le premier était la difficulté que j'éprouvais afin de trouver des attelages suffisants pour la traction qu'il nécessite, et le second, encore plus capital, se basait sur la perte annuelle du guéret, ce qui me faisait craindre pour la durée de mes vignes.

Aujourd'hui, je ne m'en sers que rarement; il me rend cependant des services utiles lorsque, dans l'été, sur une pluie légère, il faut promptement détourner des chaumes pour faire des ensemencements qui n'ont pas besoin d'une très-grande profondeur.

SEMIS

Les semences sont faites à la volée et généralement enfouies sous raie. Quelquefois, lorsque les terrains sont suffisamment préparés et que le temps presse, on sème dessus et on couvre la semence par un coup de herse. De quelque manière que l'on procède, le travail est toujours complété en passant le rouleau.

Les semences sont, sans exception, passées au sulfate de cuivre. La quantité de semence est de 2 hectolitres environ par hectare, suivant l'état du sol.

L'avoine est toujours semée du 1er au 20 septembre; sous notre climat, elle ne réussit que très-exceptionnellement au printemps.

Pour le froment, les semailles ont lieu du 15 octobre au 15 novembre, mais l'observation m'a démontré que, dans nos terrains, il valait mieux semer tôt que tard.

Le maïs pour grains se sème en avril et les lignes sont espacées d'un mètre, afin de pouvoir plus tard opérer le buttage des tiges.

Les betteraves sont piquées au plantoir en lignes distantes de 0,70 à 0,80 cent. Pour les carottes, on pratique un petit sillon que l'on recouvre après y avoir déposé les graines. Pour bien germer, cette dernière plante a besoin d'être fortement tassée.

ENTRETIEN ET CULTURE DES PLANTES PENDANT LEUR CROISSANCE

Les diverses plantes reçoivent, pendant leur croissance, des soins assidus. Les blés et les avoines sont sarclés à la main afin d'enlever les mauvaises herbes, les chardons surtout, qui croissent à merveille dans nos terrains.

Il arrive quelquefois qu'à la suite des gelées ou des hâles du mois de mars, les pieds se trouvent déchaussés. Il est utile alors de retasser les terres par un coup de rouleau ; dans ce cas, on se sert d'un rouleau en pierre d'un poids suffisant.

Pour les plantes sarclées, on fait un premier travail à la main, afin de les éclaircir lorsqu'elles n'ont encore qu'un faible développement. On emploie ensuite la houe à cheval pour les autres binages et on butte lorsque c'est nécessaire.

MOISSON

On fait la moisson avec la faulx à rateau. Antérieurement, on s'est servi de la sape, mais cet instrument n'étant pas d'un usage habituel dans le pays, j'ai dû y renoncer parce que chaque année il me fallait dresser de nouveaux domestiques ; tous nos ouvriers ayant l'habitude de la faulx, ce dernier outil est préférable.

Depuis longtemps je voulais acheter une moissonneuse, mais j'avais jusqu'ici reculé devant la dépense que nécessitait cet instrument, d'autant plus qu'il ne pouvait me rendre que des services restreints, et voici pourquoi :

Mon exploitation étant divisée presque partout en joalles de 9 à 10 mètres de large, je suis obligé, pour employer la moissonneuse, de faire ouvrir à la faulx un passage à droite et à gauche, ce qui réduit à bien peu de largeur le travail de la moissonneuse. Néanmoins, quoique la main-d'œuvre que j'occupe me donne toutes facilités pour les travaux de la moisson et de la fenaison, j'ai acheté cette année une faucheuse-moissonneuse Wood. L'époque de la moisson varie du 15 juin au 15 juillet, selon les années. On commence par l'avoine, et, cette récolte terminée, il est temps de couper le froment.

La faulx coupant la paille ras de terre et par suite ramassant avec le blé toute l'herbe, il est bien rare qu'on puisse lier immédiatement. D'habitude, la mise en gerbes ne s'opère qu'un ou deux jours après. Pour lier les gerbes, je me sers, depuis plus de 15 ans, de fil de fer. Indépendamment de l'économie de temps que procure ce système, il supprime en outre la perte du grain des plus longs épis qu'on choisit d'ordinaire pour faire les liens.

FENAISON, ARRACHAGE ET RÉCOLTE DES RACINES

La fenaison a lieu fin mai ou commencement de juin. Aussitôt le foin coupé, des femmes l'étendent sur la prairie et le retournent le plus souvent possible, car le proverbe qui dit que le foin doit sécher au bout de la fourche est parfaitement vrai. Vers 3 ou 4 heures du soir, on le rassemble en petites meules lorsqu'il est encore bien chaud. Le lendemain il est répandu de nouveau, retourné encore ; et, généralement, si la température a été élevée pendant ces deux jours, il peut être serré dans l'après-midi.

Les fourrages artificiels, trèfle, sainfoin ou luzerne, ont besoin d'une autre préparation.

Le jour où ils sont fauchés, on les étend et on les retourne comme le foin et, dans l'après-midi, pendant qu'ils sont encore bien chauds, on les met en petits meulons de 15 à 20 kilogrammes environ. On les laisse ainsi 4, 5 ou 6 jours, selon la température et, lorsqu'on voit que la fermentation intérieure a produit son effet, on profite d'un jour de beau temps, on ouvre les meulons sans trop les étendre ni les secouer, afin de ne pas faire détacher les feuilles, et le soir on les charge et on les rentre.

Les racines sont arrachées à la main par un temps sec, chargées sur les tombereaux et arrangées dans des caves qui leur sont destinées.

RÉPARATION ET CONSERVATION DES PRODUITS

Aussitôt que les céréales mises en gerbes sont suffisamment sèches pour être emmagasinées, on les charge sur les charrettes et on les dépose sous le hangar des instruments, qui change à cette époque de destination. Là, elles attendent que les machines à battre à vapeur qui parcourent la contrée viennent les dépiquer. Cette opération a lieu généralement dans les mois de juillet ou d'août.

Depuis 1861, je me sers de la machine à battre de Gérard de Vierzon. Je paie comme location de la machine 0 f. 60 c. par hectolitre d'avoine et 0 f. 75 c. par hectolitre de froment. Pour ce prix, le loueur, indépendamment des machines, fournit le charbon et trois hommes auxquels on ne doit que la nourriture ; il faut en outre 20 personnes, hommes ou femmes, pour servir la batteuse.

Selon le rendement, on peut dépiquer avec ce personnel de 150 à 180 hectolitres d'avoine et de 100 à 120 hectolitres de froment, ce qui, par conséquent, représente environ 1 fr 25 de frais par hectolitre d'avoine ou de froment. Ce chiffre serait peut-être un peu moins élevé en dépiquant avec le rouleau ; mais, comme il a un avantage énorme par suite de l'économie du temps, je suis partisan de cette manière de procéder.

Une fois les grains dépiqués, on les jette au vent pour les nettoyer ou on les passe au tarare, selon les besoins ou le temps disponible, puis on les met en grenier. Quant aux semences, elles sont toujours passées au trieur.

VIGNES

Depuis la rareté de la main-d'œuvre, les vignes travaillées à la main ont été complétement abandonnées et l'on ne crée plus dans le pays que des vignobles à labourer. En général, les vignes sont plantées à 1 mètre dans le rang et elles sont éloignées de 2 mètres d'une ligne à l'autre.

C'est ce genre de vignes qu'en débutant j'ai commencé à établir, car il est bon de le répéter ici, tout ce qui existait lors de l'achat de la propriété, en 1852, ne valait pas la peine d'être conservé et demandait même impérieusement à être renouvelé.

Afin d'opérer les plantations avec quelques chances de réussite et de durée, il m'a fallu d'abord niveler les terrains, de manière à donner aux eaux pluviales un écoulement naturel. Mais, pour faire les nivellements, il était d'abord indispensable de purger le sol des herbes parasites qui le dévoraient. Sans parler des ronces et des buissons, le chiendent, à lui seul, occupait toute la surface, en quelque sorte abandonnée depuis longtemps.

En face d'un pareil état de choses, il m'a donc été impossible d'agir aussi vite que je l'aurais désiré et ce n'a été que lentement que j'ai pu arriver à créer le vignoble. Aujourd'hui, toutes les vignes qui existent sont mon œuvre, les plus âgées remontent à 1853, et presque chaque année il se fait de nouvelles plantations. A la suite de la gelée désastreuse de l'hiver 1870-71, j'ai même été obligé de refaire certaines parties qui ne dataient que de 7 à 8 ans.

Je plante toujours sur un défoncement de 0^m50 de profondeur et ce défrichement est fait soit à la main soit à la charrue. La meilleure époque pour la plantation est, dans nos terrains argileux, la fin de mai ou le commencement de juin, et l'on plante soit en boutures ou crossettes, soit avec des plants enracinés, appelés barbats dans le pays.

Quoique peut-être un peu plus long à produire, je préfère le premier mode de plantation, et voici pourquoi : La vigne provenant d'un sarment est plus solide en terre et a plus de durée que celle que donne un plant enraciné. Ce fait est, du reste, facile à expliquer. Lorsqu'on met en place un plant enraciné on est obligé de couper, à quelques centimètres du sujet, les racines déjà formées et ce sont de nouvelles racines qui se développent et forment l'assiette du cep. Dans la bouture, au contraire, comme il n'y a pas de racines émises, on ne fait, par conséquent, pas d'amputation, ce qui milite en faveur de la solidité et de la durée postérieure du pied de vigne.

Il y a une vingtaine d'années qu'ayant eu connaissance de la culture de la vigne en cordons, pratiquée par M. Marcon, à Lamothe-Montravel, je me rendis sur les lieux pour étudier ce système. Immédiatement, j'essayai sur une petite échelle et peu à peu, ayant toujours été très-satisfait de cette culture, je suis arrivé à avoir aujourd'hui les deux tiers au moins de mon vignoble sur fils de fer.

J'ai traité plus haut la question du labourage de la vigne, il est donc inutile d'en reparler.

Les cépages les plus répandus sur la propriété sont, en blanc : l'Enrageat ou Folle-Blanche et le Blanc-Sémillon; en rouge : la Côte-Rouge, qui n'est autre que le Cot, Malbec ou Noir de Pressac et le Carmenin, qui est le Cabernet-Sauvignon du Médoc. Ces quatre cépages, presqu'à l'exclusion de tous autres, sont les seuls qui composent les cordons et qui se prêtent réellement bien à cette taille. Dans mes autres vignes existent, mais en faible partie, à peu près tous les cépages du pays, tels que le Couturier, le Périgord, l'Abondance, le Piquepoul, le Navarre, le Fer, le Quelong, le Muscat-Fou, etc. J'ai fait aussi, d'après les conseils du docteur Jules Guyot, un petit essai de Pinots de Bourgogne et de Mondeuses de la Savoie ; mais, soit que les terrains ne conviennent pas à ces cépages, soit que la taille en cordons leur soit défavorable, toujours est-il qu'ils n'ont jamais été très-prospères.

Par suite du travail de la vigne à l'aide des animaux, il est indispensable d'avoir une taille spéciale, afin d'éviter, autant que possible le dommage. Les ceps sont alors élevés en espalier, afin de laisser plus d'espace entre les lignes. Certains cépages, pour bien mûrir leurs fruits, exigent la taille courte ; ils sont alors disposés sur deux ou trois bras terminés chacun par un courson qui porte 3 ou 4 bourgeons. Sur ceux, au contraire, qui ont besoin d'une taille longue, on laisse, indépendamment des coursons qui fournissent le bois de remplacement pour l'année suivante, une ou deux vergues ou astes, qui ont de 6 à 10 bourgeons, selon la vigueur du cep. Avec cette taille, la production moyenne s'élève de 25 à 30 hectolitres à l'hectare.

Pour la taille à cordons, on laisse une vergue portant 10 à 12 bourgeons, tous les 35 ou 40 centimètres courants, plus des coursons de remplacement destinés à reprendre et à asseoir la taille l'année suivante, sans s'éloigner de la ligne horizontale du cordon. Dans nos terrains, on peut mettre les vignes en cordons dès la troisième ou la quatrième pousse et la production moyenne, une fois la vigne en rapport, peut s'élever facilement de 60 à 100 hectolitres à l'hectare.

Si une bonne culture et une taille rationnelle sont deux conditions premières pour assurer une production convenable de la vigne, il est encore d'autres soins essentiels que le viticulteur ne doit pas négliger, sous peine de voir sa récolte, sinon disparaître, du moins diminuer d'une manière notable.

En effet, indépendamment des fléaux qu'on ne peut conjurer, tels que la gelée, la grêle, la coulure, il en est un autre qu'il est permis de fortement atténuer, je pourrais même dire qui si le temps est à peu près convenable, on doit l'empêcher de paraître. Je veux parler de la maladie de l'oïdium contre laquelle la Providence a mis heureusement à notre disposition un remède souverain, le soufre.

Mais, pour que le soufrage produise son effet, il faut le faire préventivement avant l'apparition du mal. Dès que les pampres se sont développés et qu'ils ont atteint de 15 à 25 centimètres de long, il faut se hâter de procéder au premier soufrage qui n'exige du reste que peu de main-d'œuvre.

Aussitôt que la floraison de la vigne commence, il faut pratiquer le second qui produit sur les mannes le même effet que le premier a produit sur les pampres. Ce sont ces deux soufrages, que j'appelle préventifs, qui constituent l'effet principal du remède, pourvu qu'ils soient faits par un temps sec. Plus tard, dans le mois de juillet, il est utile d'en faire un troisième, qui devient le complément des deux autres.

La plus grande difficulté est de se procurer du soufre exempt de fraude et de falsification et il serait bien à désirer que le commerce de ce produit, de même que celui des engrais, fut soumis à une surveillance sévère.

Un autre fléau bien autrement terrible que l'oïdium, c'est le phylloxera qui, depuis 5 ou 6 ans, a fait son apparition dans nos contrées.

Jusqu'ici, en général, sa marche n'est pas rapide et les vignes résistent assez bien dans la majeure partie des terrains envahis. Pour ma part, depuis 4 ans, j'ai constaté plusieurs taches dans mon vignoble. Jusqu'à présent, elles n'ont augmenté ni comme surface ni comme intensité ; je dois même dire que l'an dernier les pampres des pieds phylloxérés avaient repris un certain développement. Je ne sais ce que nous réserve 1879 ; bien des personnes supposent que la persistance des pluies depuis sept mois consécutifs aura pu apporter un remède au mal. Je ne me berce nullement d'illusions semblables ; je regarde et j'attends que la science, le hasard peut-être, mette à notre disposition un remède pratique afin de pouvoir combattre efficacement cet ennemi, pour ainsi dire invisible, qui tarit peu à peu la meilleure source de la fortune et de la prospérité de notre chère patrie.

La récolte des raisins a lieu de la manière suivante : Lorsque l'époque de la vendange est arrivée, c'est-à-dire en général du 10 au 20 septembre, on commence par ramasser les vignes en blanc dont la récolte est portée au pressoir. Le soir, les marcs sont pressurés et on met dans des barriques le vin qui provient de la vendange de la journée. Ce vin blanc est mis de côté et sert plus tard à un emploi dont je parlerai tout à l'heure.

La récolte des vignes en rouge s'opère de la même manière. On ramasse la vendange avec le plus grand soin, en laissant de côté, dans les mauvaises années, tout ce qui n'est pas parfaitement mûr pour le reprendre plus tard ; on transporte sur les pressoirs ; le soir, on en opère le foulage, et cette opération terminée, on jette les marcs et le jus dans les cuves. On s'arrange de manière à remplir chaque cuve le plus rapidement possible. D'ordinaire, une cuve ne doit rester qu'un ou deux jours au plus en charge. Une fois la cuve suffisamment remplie, on jette dessus une certaine quantité du vin blanc récolté. Le vin blanc, qui agit comme un levain, a pour but d'activer la fermentation, et plus cette fermentation est développée, plus la partie colorante renfermée dans l'enveloppe de la graine se détache. Ainsi, il ne faut pas supposer, comme on le croit généralement, que du vin blanc mis sur une cuve de raisins rouges enlève de la couleur. C'est le contraire qui a lieu, et en outre de ce fait que tout le monde peut vérifier, le vin blanc donne au vin rouge plus de limpidité, plus de moëlleux et plus de finesse.

Les débouchés de nos vins sont nombreux, et il n'y a rien d'étonnant, puisque ce sont d'excellents vins d'ordinaire très-recherchés et à juste titre.

Indépendamment de Paris et de tout le Nord, Libourne et Bordeaux sont, sans contredit, les deux centres commerciaux qui en consomment le plus. Au premier abord, ce fait paraît assez extraordinaire, puisque ces deux villes sont placées au milieu de nombreux vignobles. Mais on s'explique facilement cela lorsqu'on connaît les ressources qu'offrent nos vins au commerce et les emplois auxquels on les destine.

Nos vins de côtes, parmi lesquels ceux de Planques se placent au premier rang, valent en moyenne, selon les années, de 300 à 500 francs le tonneau de 9 hectolitres, soit environ 45 francs l'hectolitre, y compris le logement.

PRUNIERS

Je cultive sur une assez grande échelle le prunier d'ente, qui produit la prune d'Agen. Il réussit parfaitement dans nos terrains argilo-calcaires et la qualité de son fruit peut lutter avantageusement avec les meilleurs produits du Lot-et-Garonne.

Ces arbres, plantés dans les rangs de vignes, ne demandent d'autres soins particuliers que ceux de la taille et de la récolte. Ils profitent du reste des engrais ou amendements qui sont répandus dans l'intervalle des joalles.

Pour opérer la dessication des fruits, je me sers, ainsi que je l'ai déjà dit, d'étuves perfectionnées par M. Bournel de Montflanquin (Lot-et-Garonne. J'ai aujourd'hui deux étuves de ce système, l'une à arbre tournant, l'autre à chemin de fer. Toutes les deux ont leurs avantages particuliers, mais fonctionnent par les mêmes procédés. Lorsque les arbres seront tous en rapport, il me faudra 4 ou 5 étuves pour suffire à la récolte des fruits. Il existe aujourd'hui sur la propriété 1,050 pruniers, dont seulement 750 sont en production ; les autres, n'étant âgés que de deux à six ans, ne pourront donner une récolte ordinaire que dans quelques années. La quantité du fruit est très-variable. C'est surtout à l'époque de la floraison qu'existe le plus grand danger. Une matinée froide, un nuage de neige ou de givre brûlent les fleurs et font souvent, en quelques jours, évanouir les plus belles espérances. Un prunier, en bonne production, doit donner de 10 à 15 livres de prunes sèches.

De même que la récolte, le prix de vente est très-variable, la grosseur et le poids du fruit produisant un écart très-considérable. On peut dire toutefois que les 100 kilos de prunes marchandes valent en moyenne de 45 à 50 francs.

BOIS

On a pu voir qu'il existait sur le domaine environ 13 hectares de bois.

Ils ont été achetés en 1853, 1856, 1864 et 1869, non pas principalement en vue du revenu que peut donner le bois lui-même, mais pour fournir, par les ajoncs et les bruyères, la litière suffisante aux animaux. Grâce à ces 13 hectares, on coupe chaque année de 12 à 15 milliers de petits tas de bruyères qui, après leur passage dans la grange, font une quantité de fumier considérable. Un autre avantage de ce genre de litière, c'est qu'on peut utiliser, pour la nourriture du bétail, toutes les pailles récoltées. Dans la saison d'hiver, lorsque les bœufs sont au repos, ils s'entretiennent parfaitement avec un mélange de paille d'avoine et de regain, auquel on ajoute quelques rations de racines.

Les essences consistent en chênes et en pins. Les premiers s'exploitent tous les 10 ans ; les seconds, lorsque les besoins se produisent. Une petite partie du terrain a été consacrée à la création d'un taillis d'acacias qui, tous les 9 ou 10 ans, fournissent des échalas parfaits pour établir ou entretenir les cordons de vignes. En outre du bois que la propriété consomme en assez grande quantité, il s'en vend annuellement pour 400 à 450 francs.

ANIMAUX DOMESTIQUES. — CHEVAUX.

On n'élève pas de chevaux sur le domaine, mais, pour exécuter certains travaux, j'ai jugé nécessaire d'avoir une forte jument percheronne. Son principal service consiste à faire des charrois, la marche du cheval beaucoup plus rapide que celle du bœuf économisant le temps. C'est aussi cet animal qui transporte toute la vendange et qui fait une grande partie des hersages et des roulages à l'époque des semailles. Je m'en sers également pour faire passer la houe à cheval, soit dans les plantes sarclées, soit dans les vignes. Mais comme il est difficile de trouver dans nos contrées des domestiques bons conducteurs, je remplace souvent, et avec avantage, le cheval par un bœuf.

MULETS

J'ai toujours également possédé quelque animal de la race mulassière. Ils sont employés aux mêmes travaux que le cheval et ils m'ont rendu et me rendent encore tous les jours de nombreux services.

TAUREAUX, BŒUFS ET VACHES

Les animaux de l'espèce bovine affectés à l'exploitation du domaine appartiennent tous à la race garonnaise ou au croisement garonnais-limousin.

Ces bœufs sont achetés dans les foires voisines, à l'âge de 4 ou 5 ans, et immédiatement mis au travail. Sur les vignobles, à cause de la rareté des prairies, l'élevage n'est qu'une rare exception. Dans ces terrains difficiles, il faut accomplir les travaux des animaux capables et déjà faits à l'ouvrage, aussi le bœuf de 5 ans est-il le plus recherché. A cet âge, une bonne paire vaut de 11 à 1300 francs.

Les animaux sont généralement conservés sur les propriétés jusqu'à 9 ou 10 ans au plus tard.

Cela s'explique facilement par ce motif seul que lorsque l'on possède des bœufs robustes, dociles et habitués au travail de la vigne, la perte que fait le propriétaire en les conservant au delà d'un certain âge, est amplement compensée par le peu de dégâts que lui font ces animaux. Lorsque les bœufs deviennent trop vieux, si on possède des ressources fourragères suffisantes, on les répare ou on les engraisse ; dans le cas contraire, on les vend à des engraisseurs qui sont en général des métayers de la plaine. Les vaches sont rarement employées aux labours de la vigne trop pénibles pour elles. Peu répandues du reste dans nos vignobles, elles n'existent que chez de petits propriétaires qui les ont plutôt comme bêtes de vente que comme animaux de travail. A Planques, elles servent à quelques légers travaux, tels que hersages, charrois, etc., et, dans ces divers emplois, elles rendent de bons services. Les bœufs et les vaches de travail sont toujours ferrés. Pendant la saison des labours, les bœufs sont attelés en moyenne 10 heures par jour.

La race garonnaise n'est pas laitière, néanmoins la vache élève bien son veau. Ce dernier, s'il n'est pas destiné à être élevé, est vendu à la boucherie entre 4 et 5 mois. A cet âge, il vaut de 180 à 200 francs, et son poids moyen est de 180 kilogrammes.

En général, on ne fabrique ni beurre ni fromage. Quand on possède des vaches laitières, ce sont des parthenaises ou des bretonnes qui, après avoir élevé leur fruit, fournissent le lait et le beurre nécessaires au ménage, ou qui, plutôt, viennent en aide aux vaches de travail pour nourrir les veaux.

Les bœufs sont nourris à l'étable presque toute l'année. A cause des travaux, il est impossible de leur laisser prendre leur nourriture dehors, et le pâturage est pour eux l'exception. Pendant l'hiver, et jusqu'au mois de mai, ils sont nourris avec des fourrages secs et des rations de racines. Au printemps, ils consomment les trèfles incarnats, les sainfoins, luzernes, vesces, etc. ; enfin, dans l'été et l'automne, le maïs vert et le pâturage forment le fond de la nourriture lorsque les animaux ne travaillent pas.

Lorsqu'on pratique l'engraissement, ce qui a lieu pendant l'hiver, on fait cuire les racines.

L'effectif de la grange est habituellement de quatre paires de bœufs et d'une paire de vaches de travail, de deux élèves de un à trois ans, de deux vaches laitières et d'un mulet, ce qui forme un total de quinze grosses têtes.

Une des deux vaches garonnaises a eu le premier prix au concours régional tenu à Bergerac en 1872 ; elle était alors dans sa quatrième année.

PORCS.

On élève peu d'animaux de l'espèce porcine. Le troupeau consiste habituellement en une seule truie portière, et on engraisse chaque année, pour les besoins de l'exploitation, quatre ou cinq nourrains. Ces divers sujets sont de race péri-gourdine, croisés anglais.

On a vu, à l'article bâtiments, que la porcherie était de construction récente. Je l'avais, en effet, faite construire, croyant pouvoir élever un plus grand nombre d'animaux. La diffiulté de la main-d'œuvre m'y a fait momentanément renoncer, mais les étables sont utilisées par une certaine quantité de lapins qui me rendent de grands services au point de vue de l'alimentation de mes domestiques.

OISEAUX DE BASSE-COUR.

La basse-cour contient de cinquante à quatre-vingts têtes, selon la saison, consistant en dindes, canards, pintades, poules ou pigeons. Une cour fermée par un grillage permet d'empêcher ces divers volatiles de prendre la clé des champs aux époques où leur présence porterait un tort préjudiciable aux moissons où à la vendange. Il est alors nécessaire de subvenir à leurs besoins, car, lorsqu'ils peuvent sortir, ils se procurent d'eux-mêmes une bonne partie de leur nourriture.

RÉSUMÉ

Tels sont, dans leur ensemble et dans leurs détails, les principaux faits agricoles qui se sont produits sur le domaine de Planques.

J'ai pourtant oublié de signaler la création de routes et de chemins d'exploitation. A part l'allée qui passait devant l'ancienne maison de maître, il n'existait aucun artère pour le service des parcelles. Aujourd'hui, au contraire, les diverses pièces sont toutes desservies par des chemins macadamisés, dans la majeure partie, ce qui permet d'opérer les transports par tous les temps avec la plus grande facilité.

Je dois mentionner également la construction d'une maison de maitre que j'ai fait bâtir en 1876. Quoique ce bâtiment ne touche pas directement aux choses agricoles, il m'a paru nécessaire de le mentionner, tout en faisant remarquer que ce n'est qu'après avoir complété les constructions rurales que je me suis occupé de mon habitation.

En 1876, j'ai fait également réparer et arranger une autre maison, située dans la partie haute de la propriété et comprise dans un achat que j'avais fait en 1874. Comme elle n'était d'aucune utilité, ni pour mon usage personnel ni pour celui de mes domestiques, je l'ai affermée moyennant la somme annuelle de 400 francs.

En résumé, la propriété qui. en 1852, était dans un état pitoyable, est aujourd'hui en pleine prospérité, si le phylloxera ne vient pas du moins anéantir les espérances les mieux fondées. Il est utile de faire remarquer que son étendue a été doublée et que les achats successifs ont sans cesse ajouté au domaine des parcelles en mauvais état, nécessitant des travaux extraordinaires pour la mise en valeur.

Ce n'est que lentement et pour ainsi dire pas à pas que les améliorations ont été entreprises et conduites. Assurément, depuis l'achat de Planques, on aurait pu procéder beaucoup plus vite, mais la marche aurait été moins sûre et la dépense beaucoup plus élevée. A l'heure actuelle, la propriété, sans compter les menus grains, devrait produire facilement de 300 à 350 hectolitres de céréales, et de 400 à 500 barriques de vin. Ce chiffre est loin d'être exagéré, puisqu'en 1874, on a récolté 400 barriques de vin et que depuis cette époque on a planté une quantité notable de vignes.

Si, comme je l'espère, la Commission peut partager ma manière de voir, sa décision souveraine sera pour moi la meilleure des récompenses, en même temps que la consécration éclairée des travaux que je poursuis depuis 20 ans.

Pour terminer ce rapport, déjà bien long, jetons un rapide coup d'œil sur les livres.

COMPTABILITÉ.

La comptabilité a toujours été tenue en partie simple, une comptabilité en partie double m'ayant toujours semblé beaucoup trop compliquée en agriculture, et j'ajouterai même que je n'en ai jamais compris l'utilité.

Mes livres sont tenus le plus exactement possible par *Doit* et *Avoir* et arrêtés tous les ans au 31 décembre. Jusqu'ici, je n'ai pas fait d'inventaire à la fin de l'année, et le motif qui m'empêchait de faire cette opération était le suivant :

Il arrive très-souvent qu'au 31 décembre de l'année courante, le vin, qui est le principal revenu de nos propriétés, est encore dans les chais. Il devient, dès lors, très-difficile de faire une estimation exacte, car cette denrée est sujette à des fluctuations souvent très-importantes. A diverses reprises même, j'ai eu dans mon chai deux ou trois récoltes ; à l'heure actuelle, je possède encore une grande partie de la récolte de 1876.

En présence de cette difficulté, pour ainsi dire constante, il m'a paru plus pratique de procéder autrement. Ainsi que je l'ai dit, tous les ans j'arrête mes livres au 31 décembre, sans me préoccuper des existences en magasin. Le compte de l'année se solde par un certain chiffre de *Doit* ou d'*Avoir*, et les produits, lorsqu'ils sont vendus, figurent à l'*Avoir* de l'exercice dans lequel s'effectue la vente. Mais, d'un autre côté, comme je tiens essentiellement à connaître le revenu que me donne annuellement la propriété, tous les dix ans je fais un relevé dont je prends la moyenne, et j'arrive ainsi à avoir très-exactement le revenu réel par année.

La commission partagera, je n'en doute pas, ma manière de voir, lorsqu'elle aura examiné les chiffres suivants, relevés sur mes livres depuis 1852 jusqu'au 31 décembre 1878 :

De 1852 à 1861 inclusivement, période de création de la propriété, le revenu net annuel a été de. 673 fr. 92

De 1862 à 1871 inclusivement, le revenu s'est élevé à. . . . 3,934 70

Enfin, dans les sept dernières années, il a atteint la moyenne de 7,818 36

Si on additionne ces vingt-sept années, on trouve un total de 100,814 fr. 72 c., ce qui représente un revenu annuel de. . 3,733 87

Or, comme en 1852 la propriété a coûté 55,000 francs, qu'aujourd'hui les achats successifs ont élevé son prix de revient à la somme de 109,000 francs, on peut très-bien, dans cette période de 27 ans, prendre, comme prix moyen du domaine, le chiffre de 80,000 francs, qui, à 5 0/0, exigerait un revenu de 4,000 francs.

Mais il est juste de faire observer que le propriétaire a vécu en partie sur le domaine, et qu'il n'est pas exagéré d'ajouter de ce fait au moins une somme annuelle de. . . . . 1,500 fr. »»

Qui, joint à. . . . . , . . . 3,733 87

Elève le revenu annuel des sept années à. 5,233 87

Il faut, en outre, tenir compte de la différence des cheptels et de l'existence en magasins d'un certain nombre de produits.

Lors de l'achat, en 1852, l'inventaire accusait un cheptel de 2,650 »»

Celui du 31 décembre 1878 donne pour résultat. 38,651 75

Il existe donc un bénéfice de 36,001 fr. 75 c., qui couvrent et bien au delà les frais d'amortissement des capitaux engagés dans les diverses constructions.

Dans le même ordre d'idées, mais sur une base différente, on peut comparer la valeur actuelle de la propriété avec son prix de revient.

Nous avons dit, en effet, que Planques compte, à l'heure présente, 58 hectares 50 ares, dont le prix d'achat s'élève à 109,000 francs, ce qui fait ressortir l'hectare à environ 1,879 francs.

Lors de leur visite, MM. les membres du Jury pourront apprécier la valeur actuelle des terrains, comparativement au prix d'achat et se rendre compte, par ce moyen, des améliorations qui ont transformé la propriété.

BERGERAC. — TYPOGRAPHIE ET LITHOGRAPHIE BLANQUIE ET C⁰, RUE BELLEGARDE.

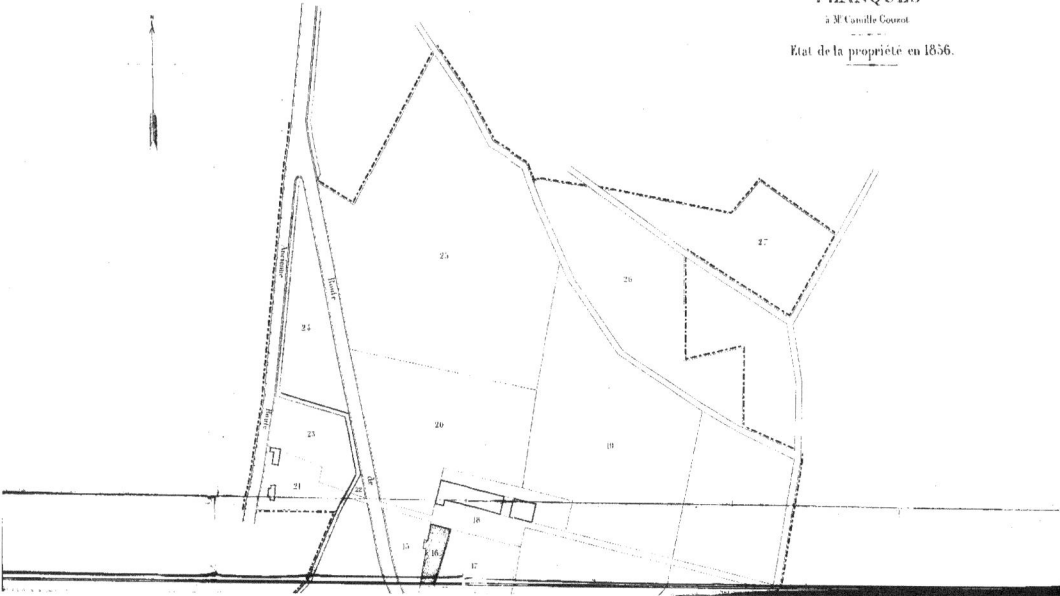

PLANQUES

à Mr Camille Courcot

Etat de la propriété en 1856.

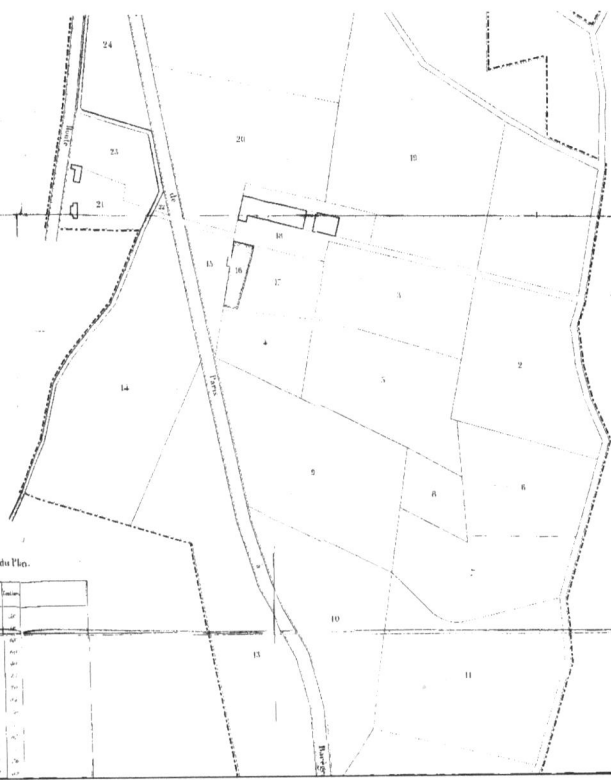

Tableau indicatif du Plan.

N° du Plan	Lieux-dits	Nature de culture	Maisons	Aires	Raisins
1	à Planques				
2					
3					
4					
5					
6					
7					
8					
9					
10					
11					
12					
13	au Chemin				
14	à Planques				

Tableau indicatif du Plan.

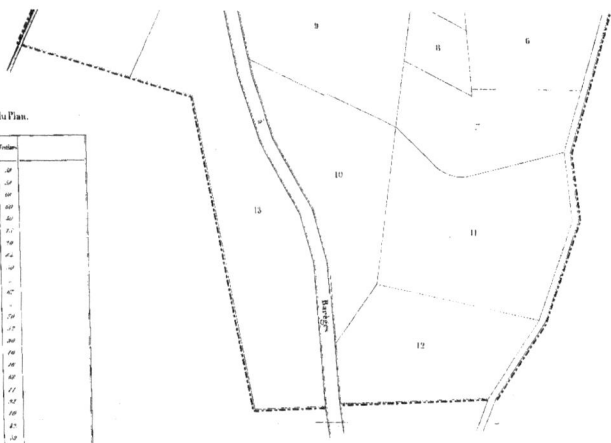

Echelle au $\frac{1}{1000}$

PLANQUES

à M. Camille-Gouzou

1 de la propriété en 1879

Tableau indicatif du Plan

N° du Plan	Lieux dits	Nature de culture	Section	Are	Centiare
1	Cautemerle	Terre	1	22	37
2	id	id		24	44
3	id	Vigne	1	34	88
4	id	Terre	1	47	53
5	id	Pré		77	08
6	id	Terre		50	04
7	id	id		43	85
8	id	Vigne		14	13
10	id	Terre		73	24
11	le Moquan	Pré	1	30	35
12	Valcanio	id		19	70

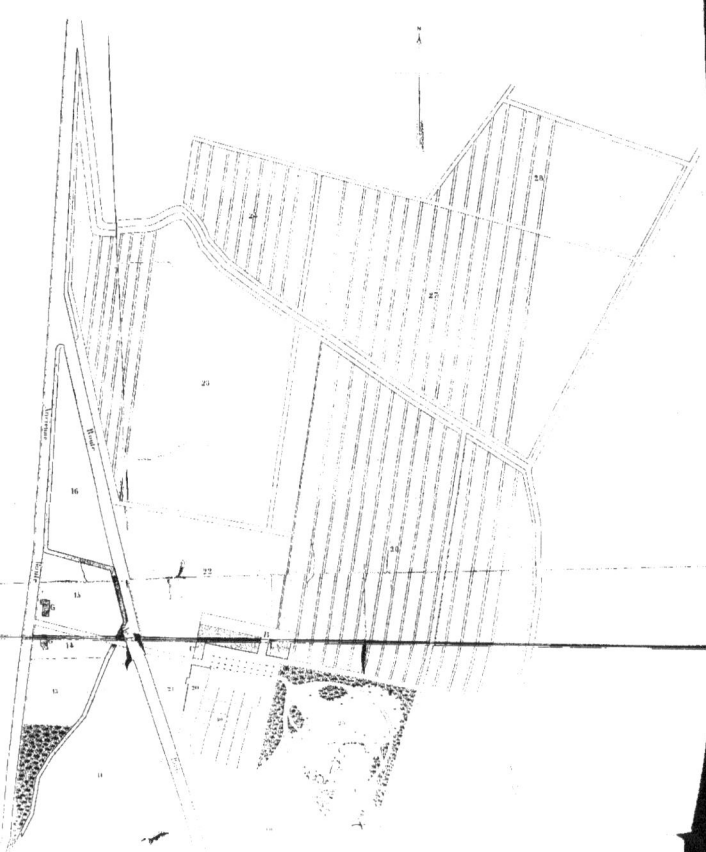

PLANQUES

à M. Camille Gounot

État de la propriété en 1873

Tableau indicatif du Plan.

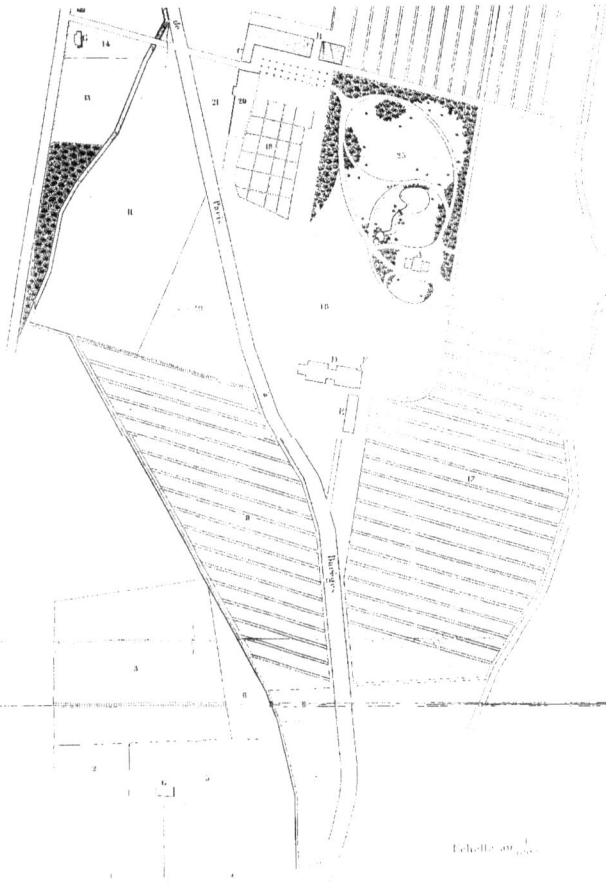

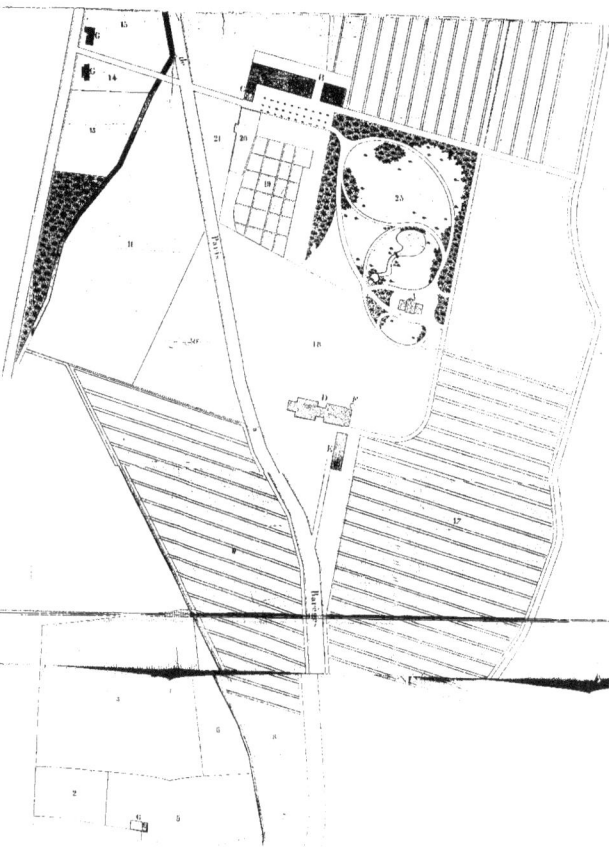

LÉGENDE.

A — Maison d'habitation
B — Exploitation
C — Écurie et remise
D — Granges
E — Bûcherie ou hangar
F — Château d'eau
G — Maisons de valets

Echelle au $\frac{5}{10000}$

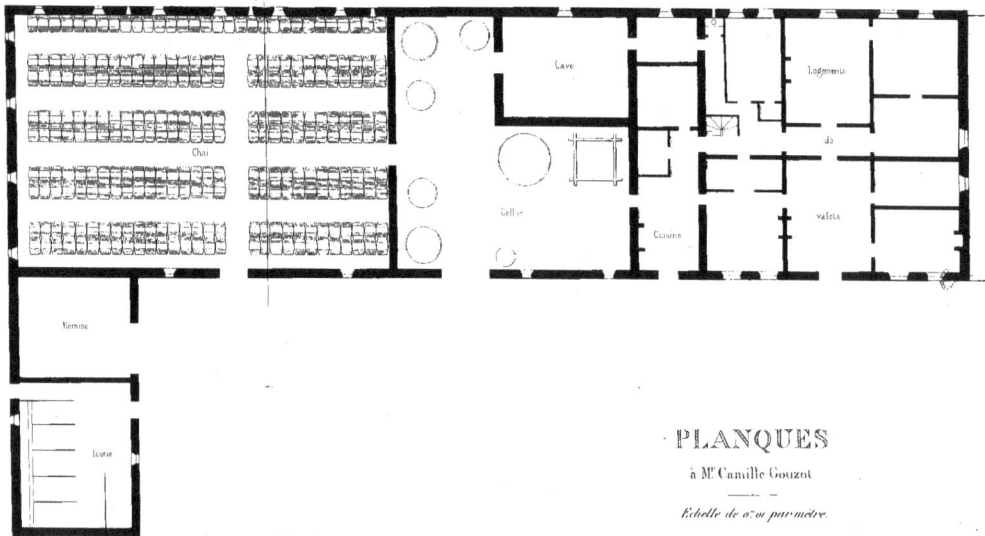

Chai

Remise

Cave

Cellier

Cuisine

Logements

do

valets

écurie

PLANQUES

à M. Camille Gouzot

Echelle de 0,01 par mètre.

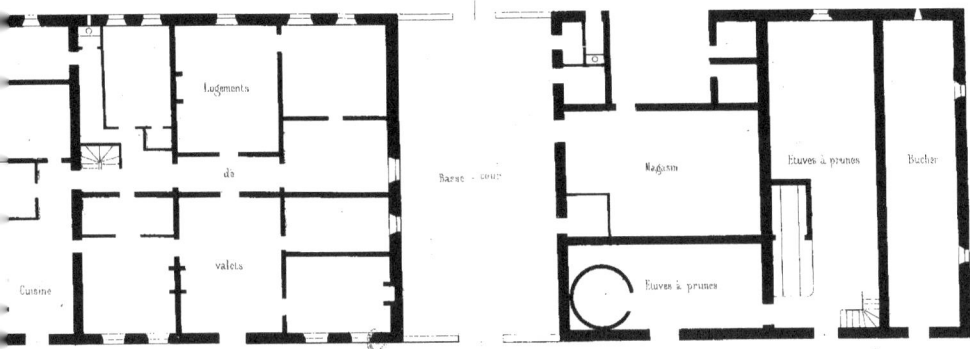

Logements

da

valets

Cuisine

Basse - cour

Magasin

Etuves à prunes

Bucher

Etuves à prunes

PLANQUES

à Mr Camille Gouzot

Echelle de 0.01 par mètre.

PLANQUES

à Mr Camille Gouzot

Echelle de 0,01 par mètre.

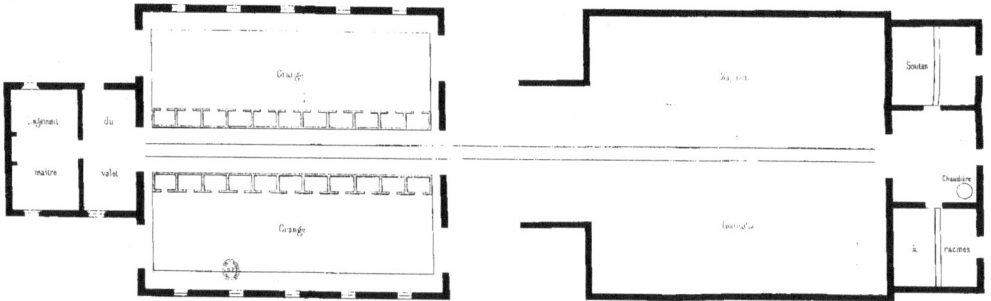

Porcherie

Grenier

appartt du
maître valet

Écurie

Soutes

Grange

Chambre

Fenière

à racines

PLANQUES

à Mr Camille Gouzot

Echelle de 0.01 par mètre.

Hangar à outils

Porcherie

Lith. Planques et Cie, Bergerac.

Agrandissement

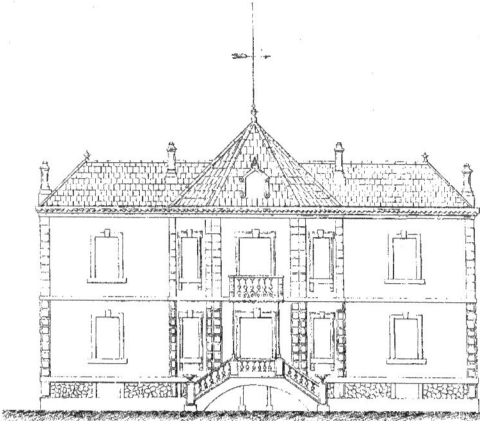

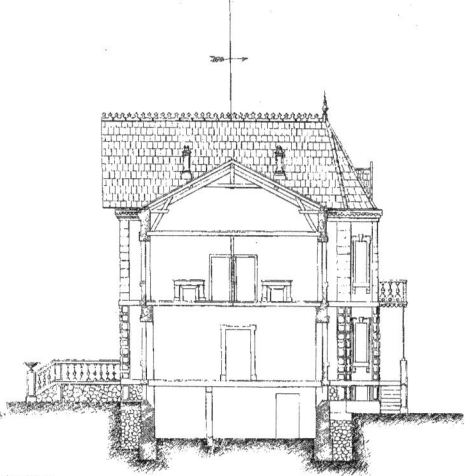

PLANQUES
à Mr Camille Gouzon.

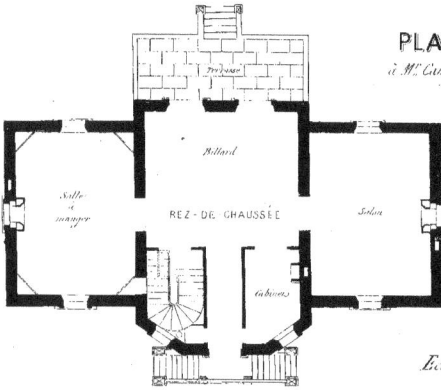

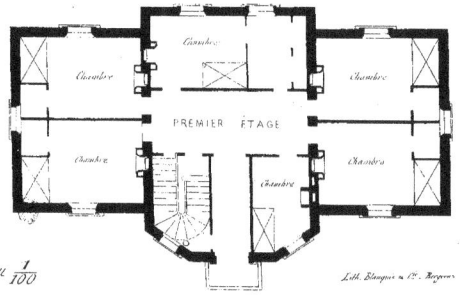

REZ-DE-CHAUSSÉE

PREMIER ÉTAGE

Échelle au $\frac{1}{100}$

Lith. Blanquis & Cie Bergerac